AF359257

CRÉATION

D'UNE

FERME EXPÉRIMENTALE

RAPPORT

A M. LE MAIRE DE LYON

LYON

IMPRIMERIE TYPOGRAPHIQUE BELLON

33, Rue de Lyon, 33

1872

CRÉATION

D'UNE

FERME EXPÉRIMENTALE

RAPPORT

A M. LE MAIRE DE LYON

MONSIEUR LE MAIRE,

L'utilité de la création d'une ferme expérimentale a été affirmée d'une façon assez éclatante au Congrès des Agriculteurs de France pour qu'il ne soit plus nécessaire de la discuter.

Je rappellerai seulement à votre mémoire certains incidents de la séance.

Après le vote unanime du Congrès, M. Pulliat, parlant au nom de la Société de viticulture du Rhône, est venu déclarer à la tribune que la Société, non-seulement approuvait le projet sans réserve, mais offrait gratuitement une collection de plus de 500 variétés de cépages pour planter le vignoble expérimental.

M. Chamecin, au nom de l'Industrie des soies, a promis un concours actif et une subvention s'il en était besoin.

A l'issue de la séance, un grand nombre de constructeurs ont bien voulu m'adresser leurs félicitations et m'assurer que le succès de mon entreprise intéressait au plus haut point l'importante industrie de la mécanique agricole.

A ces témoignages flatteurs je dois joindre celui des cultivateurs qui, absents de la séance, m'ont écrit pour m'encourager, ou sont venus eux-mêmes m'apporter l'assurance que l'œuvre projetée est sérieusement utile.

Votre présence, M. le Maire, celle de M. le Préfet du Rhône, m'avaient, d'ailleurs, prouvé la sollicitude de la municipalité et du gouvernement de la République pour la classe si nombreuse des travailleurs des champs. Aussi, je me plais à croire que j'ai trouvé en vous et en M. le Préfet mes plus zélés collaborateurs.

Dans toute entreprise considérable, il ne suffit pas d'avoir la conviction de l'excellence du but que l'on poursuit, il faut aussi, et surtout, étudier les moyens pratiques. Concevoir est facile, exécuter est difficile. J'aurais renoncé à mes projets, sans même réclamer pour eux la publicité du Congrès, si je n'avais cru leur réalisation possible qu'au prix de sacrifices imposés à la Ville.

Dès le début, mon ambition a été de doter Lyon d'un établissement utile sans grever le budget municipal. Je crois avoir réussi. A vous, M. le Maire, d'examiner avec soin le travail que j'ai l'honneur de vous soumettre ; à vous de décider si mes calculs sont justes, si mes combinaisons sont heureuses, si, en un mot, mon projet peut être mis à exécution sans blesser aucun des intérêts considérables que vous représentez.

Je diviserai mon travail en deux parties. Dans la première, j'indiquerai sommairement la nature des créations projetées, sans rentrer dans les considérations générales que j'ai eu l'honneur de présenter à la tribune, en votre présence : dans la seconde. j'essaierai de balancer les frais du nouvel établissement, en proposant des économies faciles sur un chapitre du budget de la Voirie, et en offrant à la Ville des sources nouvelles et certaines de revenus ; de sorte que, si je ne me suis pas trompé dans mes études. il résultera de l'accomplissement de mon projet. non-seulement la création d'un établissement éminemment utile, mais encore un accroissement des revenus municipaux.

La Ferme expérimentale comprendra :

Bâtiments.
Une étable modèle.
Une bergerie.
Une porcherie.
Des hangars à matériel.
Des hangars à denrées.
Un cabinet de chimie.
Une galerie d'exposition de matériel.
Une magnanerie.
Un musée d'anatomie animale.
Un pont à bascule.
Des logements pour le Personnel, l'Administration, la Direction.

Territoire.
Champ d'expérience . . . . 1 hectare.
Plantation de mûriers . . . —
Vignoble d'expériences. . . —
École d'arboriculture . . . . —
Plantes sarclées. . . . . . 3 hectares.
Prairies artificielles . . . . 6 hectares.
Prairies naturelles. . . . . le Parc.

L'étable modèle contiendra : 30 boxs, destinés aux reproducteurs Durham, Tarentais, Suisses, Bretons, etc., etc.

Des loges pour les élèves.

La bergerie : des lots Dishley, Mérinos, Africains, South-Doown.

La porcherie : des vérats, des truies anglais et indigènes.

Le titre des *hangars à matériel et à denrées* indique leur destination.

Le *cabinet de chimie* sera pourvu des appareils nécessaires aux analyses chimiques et aux observations météorologiques les plus usuelles.

La *galerie d'exposition de matériel agricole* est un des bâtiments sur lesquels j'appelle le plus spécialement votre attention :

Je dois le dire, la France est, sur bien des points de l'enseignement, inférieure aux nations voisines, à celles même que nous appelons barbares, parce que leur climat est moins clément et qu'elles sont éloignées de nous. Ce que je présente aujourd'hui comme une innovation existe depuis plusieurs années, non-seulement chez nos braves voisins de la Suisse, mais aussi par delà les monts Karpaths, au fond de la Transylvanie. Ces peuples pauvres, mais industrieux, ont compris depuis longtemps l'importance du rôle de l'agriculture dans la richesse nationale, et les gouvernements ont multiplié les écoles d'enseignement et d'expérimentation agricoles.

Les machines, par leur supériorité de main-d'œuvre et de bon marché, ont triomphé aussi chez nous de la défiance des cultivateurs ; mais la difficulté de se les procurer en restreint forcément l'emploi.

Les grands constructeurs sont peu nombreux. Chacun d'eux a ses représentants dans les centres les plus importants ; mais, chaque représentant ne pouvant fournir que les spécialités de la maison qu'il représente, le cultivateur se trouve dans l'impossibilité de comparer les instruments de différentes fabrications ; il est forcé de s'abstenir ou d'acheter l'instrument offert par la maison dont le représentant habite son chef-lieu ; à moins, cependant, que ce paysan ne possède une grasse fortune qui lui permette de courir le monde pour comparer, supposition absurde, qui affirme ma précédente démonstration.

Les Concours régionaux, les Comices, ont eu pour but la décentralisation, la vulgarisation des instruments perfectionnés ; mais, outre que ces réunions sont assez rares, elles n'ont pu réaliser tout le bien que leur institution semblait promettre.

Les Jurys fonctionnent, il est vrai, avec le plus d'impartialité possible, mais leur conscience peut être à chaque instant surprise ; il manque à la maturité de leurs jugements le temps et le sérieux des délibérations.

L'*Exposition permanente de matériel agricole*, que je propose de créer, offre à l'état permanent tous les avantages offerts par les Comices à intervalles éloignés. Elle présente, en outre, une garantie plus sérieuse aux cultivateurs. Dans les Concours et Comices, beaucoup de constructeurs travaillent en vue d'une récompense honorifique, qui flatte leur amour-propre ou serve de réclame : ils produisent alors des instruments très-ingénieusement combinés, brillants, polis, parés pour l'agrément des yeux, mais d'un emploi souvent impossible, quelquefois même dangereux.

L'*Exposition permanente* ne contiendra jamais que des instruments pratiques, et elle amènera forcément une réduction dans le prix de vente, pour deux raisons inexorables : la concurrence immédiate et la diminution des frais de représentation. L'opinion des constructeurs est unanime sur ce point.

A côté de l'Exposition, je placerai les *Musées d'anatomie, de végétaux, de sols et d'engrais*. Le *Musée d'anatomie animale* comprendra, comme j'ai eu l'honneur de le proposer au Congrès, des squelettes expliquant les fonctions des membres et des pièces anatomiques reproduisant les organes affectés par les principales maladies ; le tout accompagné de légendes clairement rédigées et résumant, en quelque sorte, les principaux éléments de la science vétérinaire.

Le *Musée des végétaux* contiendra une collection de plantes utiles avec indication succinte des natures de sol et d'engrais qui conviennent à chacune d'elles.

J'appelle spécialement votre attention, Monsieur le Maire, sur le *Musée de sols et d'engrais*. Il a pour but d'éviter aux cultivateurs des tâtonnements et des erreurs, qui se traduisent infailliblement par des pertes d'argent considérables.

La parfaite connaissance du sol à exploiter équivaut à un capital. Etant donnée la composition de la terre, l'amendement devient facile : il n'y a plus qu'à se procurer les agents chimiques qui font défaut. Les dépenses faites dans ce but, imposées par une conviction raisonnée, doivent à coup sûr produire leur intérêt. La routine n'a plus aucun prétexte pour lutter contre la science : l'évidence la condamne.

Le Musée sera disposé comme suit :

Pour chaque nature de sol, une balle de terre d'abord, puis, en sous-ordre, tous les éléments qui la composent.

De même pour les engrais.

De cette façon le cultivateur voit d'un coup d'œil quels sont les éléments constitutifs du sol ou de l'engrais qu'il veut étudier ; il se rend compte de la proportion que chacun de ces éléments apporte à l'ensemble ; il ne peut plus hésiter sur le choix des amendements.

Je suis sorti quelque peu du domaine de la pratique agricole , pour empiéter sur celui de la science. Aujourd'hui, en effet. il n'est plus possible de ne compter que sur les enseignements de la routine. A l'époque où la valeur du terrain était minime, où les besoins de la consommation se limitaient au strict nécessaire , où le paysan , considéré comme un être inférieur, subissait le servage des classes privilégiées et cultivait un sol qu'il n'avait même pas l'espoir de posséder jamais. les années succédaient aux années, les dîmes aux dîmes. les corvées aux corvées, sans apporter une découverte ou un enseignement ; despotisme ou barbarie, deux synonymes.

Alors les champs restaient en friches , les landes s'étendaient sur le flanc des côteaux. et la meute du seigneur avait peine à passer à travers les broussailles. les ronces et les chardons. La France produisait toujours assez pour donner du gibier aux tables somptueuses. et l'on ne s'inquiétait guère de la poule au pot du paysan.

Grâce à Dieu, ce temps est passé ; de ces tristes époques, il ne reste plus que la légende. Riches et pauvres, citadins et paysans, sont tenus d'apporter leur contingent de travail à la société, car, comme l'a si bien dit M. de La Loyère :

« *Le riche n'est qu'un travailleur dont le salaire a été payé* « *d'avance.* »

Les institutions d'un peuple libre ne permettent ni les landes ni les friches. Il faut que le travail force chaque motte de terre à produire un grain de blé. Le cultivateur qui n'est plus l'instrument qui obéit, mais l'intelligence qui commande, doit posséder la science, qui seule donne le droit de commander.

L'instruction gratuite et obligatoire dans les campagnes, est la meilleure charrue de défrichement.

Mais l'instruction élémentaire ne suffit pas. Voyez ce qui se passe chez de chez nous. Je copie fidèlement, monsieur le Maire, le dispositif du règlement promulgué pour les choses agricoles, par le gouvernement suisse. Je ne suis pas un novateur : Tout ce que je propose fonctionne et rend depuis longtemps une foule d'importants services à nos voisins ; je demande seulement, que la France suive de loin le sillon tracé par les autres nations.

Programme de l'Enseignement agricole qui sera donné à Lausanne durant l'hiver 1872-73.

—

En exécution de l'arrêté du Conseil d'État du 30 août 1872, relatif à l'*Enseignement agricole*, le département de l'Instruction publique et des cultes décide ce qui suit :

Article premier.

Il sera donné à Lausanne durant l'hiver 1872-73, un enseignement agricole élémentaire approprié aux jeunes gens de la campagne et portant sur toutes les branches dont la connaissance est utile à l'agriculteur.

Art. 2.

Les cours sont gratuits et publics. Les étrangers y sont admis au même titre que les ressortissants du canton.

Art. 3.

M. Borgeaud, ancien élève de l'Institut agronomique de Versailles et ancien directeur de l'École Industrielle, est chargé de la direction de cet établissement.

Art. 4.

Les cours commenceront le 4 novembre 1872 et finiront le 15 mars 1873.

Art. 5.

Le programme est le suivant :

1° *Agrologie ou étude des terrains agricoles.* — Composition chimique des terres. Propriété physique des terres. Engrais. Analyse des terres et engrais. — Une heure et demie par semaine, total vingt-sept heures. M. Risler, propriétaire à Talèves, près Nyon.

2° *Agriculture*. — Cultures spéciales (céréales, légumineuses. plantes fourragères, plantes industrielles). Assolements et économie rurale. — Trois heures par semaine, total cinquante-quatre heures. M. BORGEAUD, directeur.

3° *Chimie*. — Principes principaux. Principaux corps simples. Corps composés formés par les métalloïdes. Sels métalliques usuels. Chimie organique (étude des corps intéressant l'agriculture). Fabrication de produits agricoles (fromages, etc.) — Deux heures par semaine, total trente-six heures. M. BRÉLAZ, professeur de chimie.

4° *Botanique agricole*. — Description des organes de la plante et étude de leurs fonctions. Description des végétaux utiles et nuisibles à l'agriculture. Maladies des plantes et moyens de les guérir. — Trois heures par semaine, du 4 novembre au 21 février, total quarante-cinq heures. M. SCHNETZLER, professeur de botanique.

5° *Météorologie agricole*. — Température. Thermomètre. Distribution de la chaleur. Pression atmosphérique. Baromètre. Les vents. Humidité atmosphérique. Électricité. Climat. Météores. — Trois heures, du 22 février au 15 mars, total neuf heures. M. SCHNETZLER. professeur de botanique.

6° *Horticulture*. — Etablissement d'un jardin. Cultures spéciales des légumes les plus avantageux. Récolte des arbustes de jardin. Instruments et outils. — Une heure par semaine, total 18 heures. M. BONNET, arboriculteur.

7° *Viticulture*. — Sols favorables à la vigne, exposition, choix des cépages, préparation du sol, plantation, taille, engrais, labours, ébourgeonnement, maladies de la vigne. Vendanges. Soins à donner au vins. — Une heure par semaine, du 6 janvier au 15 mars, total 18 heures. M. ORMOND, assesseur et vigneron à la Tour-de-Peilz.

8° *Sylviculture*. — Introduction. Essences, conservation des forêts, cultures. régénération naturelle et artificielle, pépinières; exploitations, confection des produits. Explication d'un aménagement; comptabilité, contrôle des exploitations. — Une heure par semaine, total 18 heures. M. DAVALL, inspecteur-forestier à Vevey.

9° *Zoologie agricole*. — Notions générales. Physiologie, fonctions de relation. Notions d'hygiène et premiers soins. Principes généraux de la classification zoologique. Etude des espèces utiles en dehors du bétail proprement dit. Etude des espèces nuisibles.— Deux heures par semaine, total 36 heures. M. Borgeaud, directeur.

10° *Zootechnie.*—Conformation des animaux domestiques. Production des animaux. Influences héréditaires, variations, croisement et sélection. Développement du jeune animal. Alimentation, rations. Habitations, soins hygiéniques. Produits des animaux. Travail, viande, lait, etc. Trois heures par semaine, total 54 heures M. Bieler, vétérinaire.

11° *Cours spécial relatif aux fonctions des inspecteurs du bétail.* — Symptômes généraux des maladies. Maladies contagieuses, mesures de police, inspection des viandes de boucherie, maladies rédhibitoires. — Une heure par semaine, total 18 heures. M. Bieler, vétérinaire.

12° *Arpentage.*— Poids et mesures. Toisé des surfaces et des volumes. Levées de plans. Partage des terrains. Nivellement.—26 heures. M. Cuénoud, directeur de l'école industrielle.

13° *Machines agricoles.*—Instruments aratoires, charrues, herses, etc. ; labours, défoncements, chars, atteiages, machines à battre, pressoirs, concasseurs, hache-paille, etc. — *Conservations rurales,* granges, écuries, etc. — *Drainage et irrigations.* — 2 heures par par semaine, total 36 heures. M. E. Francillon, ancien agriculteur.

14° *Dessin.* — Dessin topographique, dessin d'instruments et de machines agricoles, dessin de constructions rurales.— Trois heures par semaine, total 54 heures. M. Cuénoud, directeur de l'Ecole industrielle.

15° *Législation rurale.*— Code rural. Loi forestière. Loi sur le drainage. Loi sur l'utilisation des eaux du domaine public. Loi sur la garantie des vices rédhibitoires et la gestation du bétail. Loi sur les fromageries. Contrat de vente, contrat de société, contrat de bail des biens ruraux, cheptel. Plans et cadrastre. — Une heure par semaine, total 18 heures. M. André, professeur de droit.

16° *Comptabilité agricole.*—Une heure par semaine, total 18 heures. M. E. Francillon, ancien agriculteur.

Art. 6.

Les jeunes gens qui désirent suivre les cours en qualités d'*élèves* devront être âgés de 16 ans au moins. Ils se feront inscrire avant le 27 octobre au Département ou chez M. Borgeaud.

Les élèves seront soumis à une discipline semblable à celle qui est établie pour la division supérieure de l'Ecole industrielle.

Leurs logements et pensions seront l'objet de la surveillance du Directeur.

Art. 7.

Les élèves seront réunis, en dehors des heures de leçons mentionnées ci-dessus, sous la surveillance du directeur et des professeurs, pour divers travaux, tels que répétitions, interrogations, exercices pratiques et courses, si le temps le permet. Le soir, un local pourvu de livres et de journaux agricoles leur sera ouvert.

Art. 8.

A la fin des cours, les élèves seront admis à subir des examens, et il sera délivré des certificats à ceux qui auront suivi régulièrement les cours et subi des examens satisfaisants.

Lausanne, le 14 septembre 1871.

Le Chef du Département de l'Instruction publique
et des Cultes,

Ch. Estoppey.

Est-il besoin, monsieur le Maire, de chercher un autre programme ?

Celui-ci n'est-il pas aussi complet, aussi bien raisonné que possible ? A côté des Facultés des Sciences, de la Médecine et du Droit, voici la Faculté de science agricole.

Si je ne me trompe, l'ensemble des études comprend en

Suisse une période de trois années, ou pour mieux dire de trois hivers, car, aux approches du printemps, les élèves repartent pour les champs paternels, où ils vont mettre en pratique les enseignements de l'hiver. Les Cours ne sont pas facultatifs. Le directeur connaît la résidence de chaque élève. Lorsqu'une absence est constatée, l'élève est invité à produire ses excuses. Si les motifs allégués ne paraissent pas acceptables, l'accès des Cours est interdit au jeune homme, et ses parents sont immédiatement avisés. Cette rigueur est nécessaire. Les fils des cultivateurs, doivent venir dans les villes pour s'instruire, et non pour se livrer aux plaisirs dangereux et à la débauche.

En Suisse, les fonctions de professeurs sont gratuites. Les hommes les plus éminents les recherchent comme un honneur ; je suis certain qu'il en serait de même chez nous, car nos ennemis, ceux-là même qui se moquent si fort de nos défauts, reconnaissent qu'aucune nation ne possède plus que la France, les vertus du désintéressement et de la générosité.

Si je citais, pour exemple, l'association polytechnique à laquelle j'avais l'honneur d'appartenir. Non-seulement cette Société, que présidait alors le regretté M. Perdonnet, réunissait dans ses Cours des foules si nombreuses d'ouvriers parisiens, que la vaste enceinte du Cirque des Champs-Elysées s'est souvent trouvée trop étroite, mais elle rayonnait jusqu'aux plus humbles ; et bien des fois, dans mon pauvre village de Seine-et-Marne, j'ai vu les maîtres de la science s'en venant comme des apôtres dans nos campagnes, devant un auditoire de laboureurs et de vignerons. La masure devenait temple.

L'élevage des vers à soie devra être l'objet d'une étude spéciale.

La production indigène séricicole est sérieusement menacée. Une terrible épidémie (la flacherie) ruine presque autant d'éleveurs que le phylloxera de vignerons. Devant l'inefficacité des remèdes connus, les éducateurs se découragent. De tous côtés on arrache les mûriers, et les magnaneries qui produisaient autrefois des quantités considérables de cocons essayent timidement une once ou deux de graines. Si l'on ne réagit contre ce découragement, notre principale industrie lyonnaise peut être tout d'un coup anéantie. Il suffirait pour cela d'un fâcheux concours de circonstances (et, certes, après ce que nous avons vu, toutes les hypothèses sont admissibles) : supposez la Chine fermée par un évènement quelconque, insurrection locale ou guerre maritime ; supposez l'embargo mis par l'Italie sur son exportation : nos ressources nationales ne suffiraient pas pour alimenter une saison.

Il importe donc qu'une magnanerie d'étude soit créée à la portée de tous les sériciculteurs Lyonnais. Praticiens et savants travailleront ensemble, la Chambre de commerce fera les frais des expériences.

Je n'insiste pas sur cette création ; elle est universellement réclamée. Du reste, les bâtiments existent en partie ; ils ont été construits aux frais de la Société des agriculteurs de France, qui n'a pas craint d'ouvrir à l'occasion de l'Exposition un crédit de 20,000 fr.

Le territoire affecté à la Ferme, comprendrait : 1° le parc de la Tête-d'Or ; 2° les terrains riverains du Rhône ; 3° la digue insubmersible ; 4° les terrains vagues situés au-delà du chemin de fer ; 5° le champ de courses.

Je ne puis préciser l'étendue de ce territoire.

Défalcation faite des terrains improductifs, routes, sentiers, bois, bosquets, il peut contenir environ cinquante hectares de terre cultivables, surface suffisante pour les besoins de la ferme.

Je réponds de suite, monsieur le Maire, aux objections qui se présenteront certainement à votre esprit , au sujet de la digue, propriété de l'Etat, et du Champ de Courses concédé au Jockey-Club de Lyon.

Le sommet de la digue, prolongement du quai de l'Est, conduisait autrefois aux plaines et saulées de Vaulx. Bien que peu fréquentée, cette voie avait encore à cette époque une certaine importance. Le Parc en création, les routes encombrées, les chemins des Brotteaux à peine tracés, les pâturages vagues loués à des bouchers de la ville, tout cela entretenait quelque peu d'animation, et, sur des bancs de pierre ombragés de beaux arbres, le promeneur solitaire pouvait se livrer à son aise au charme de la rêverie.

La transformation de cette partie du domaine municipal, modifia d'une façon complète les mœurs de ces quartiers excentriques. Qui de nous ne se souvient pas de ces vieilles saulées aux troncs joyeusement difformes, sous la feuillée desquels s'attardaient des ruisseaux venant je ne sais d'où, qui, prenant pour aller au grand fleuve le chemin des écoliers, folâtraient gaîment dans les herbes, en vrais ruisseaux de barrière qu'ils étaient !

Rendez-vous pendant la semaine des botanistes, des entomologistes, des penseurs et des poètes, y compris ceux qui ne rêvent qu'à deux, le bois mystérieux s'animait le dimanche. Les guinguettes ouvraient tout grands leurs volets verts, et ce jour-là, l'oiseau cédait sa place aux rires et aux chansons, à cette bonne et franche joie de l'ouvrier, qui dépense dans une après-midi de dimanche toute la gaîté de la semaine.

Mais le siècle a marché : le ruisseau est devenu lac, le sentier est devenu route, et la guinguette est un café. Adieu les buissons d'aubépine, les boutons d'or et les bluets dont nos mères enfants ont tressé des couronnes. Vieilles saulées et vieilles routes, vieille gaîté, vieilles croyances, de tout cela il ne reste rien, qu'un souvenir mélancolique ; et, quand nous rencontrons une vieille gravure représentant les scènes d'autrefois, nous la plaçons, nous Lyonnais, parmi les portraits de famille, bonnes gens que nous n'avons pas connus, et qui semblent pourtant nous sourire du fond des cadres vermoulus.

Au moment où les promoteurs de l'Exposition demandèrent aux ponts-et-chaussées, la concession de la digue, la circulation était déjà nulle. De larges voies, courant à travers le Parc, mettaient la ville en communication avec les plaines du Grand-Camp et le littoral du fleuve ; peu à peu, reprenant ses droits, la végétation se hasardait ; l'herbe croissait encadrant les dalles, à l'ombre des rejets d'acacia et d'ormeau. L'Exposition s'implanta sur le désert.

Depuis trois ans le chemin de la digue est intercepté sans

qu'aucun intérêt ait eu à souffrir. Cette année même, la route parallèle qui traverse le Parc a été concédée à l'Exposition, au détriment peut-être des promeneurs, mais sans préjudice pour la circulation commerciale, à laquelle suffisent largement les deux chemins des bords du fleuve.

Ce que les ponts-et-chaussées ont gracieusement accordé pour la construction des galeries, il ne le refuseront pas pour une plantation. Des renseignements puisés aux sources les plus honorables m'autorisent à considérer le traité à passer avec l'Etat comme chose facile et d'un succès certain.

La combinaison qui livrerait à la ferme le champ actuel des courses est aussi des plus simples et des plus conciliantes.

Loin de moi la pensée de vouloir profiter du désarroi dans lequel les événements ont jeté la Société des Courses de Lyon.

Indépendamment de l'opinion que je puis avoir sur l'influence des courses au point de vue de l'amélioration de la race chevaline, ces réunions apportent à la ville un trop gros contingent de travail et de recettes pour que je ne regrette pas profondément les circontances qui les ont empêché cette année. Dans un pays comme la France, une grande ville comme Lyon, possédant un hippodrome comme le Grand-Camp, doit avoir ses fêtes hippiques. Le ministre de la guerre, d'un côté, la municipalité de l'autre y sont, pour des motifs différents, également intéressés. Réformez, autant que possible, les abus qui se glissent toujours dans les institutions de cette nature, mais ne détruisez pas, pour des motifs puérils, ce que toutes les grandes nations militaires et agricoles s'efforcent de propager. Donc, à mon sens, les courses doivent être maintenues ; et, si la ville, pour des raisons d'économie, ne croit pas devoir donner un prix, elle doit au moins fournir le terrain de concert avec le génie. Mais fera-t-elle pour cela le sacrifice d'un grand nombre d'hectares aisément fertilisables? Non certes! puisque rien n'est plus facile que de satisfaire à la fois les intérêts des courses et ceux de la ferme.

L'hippodrome de Lyon comprend, non seulement l'enceinte proprement dite, mais aussi les terrains militaires sur lesquels la piste s'allonge. Les tribunes, constructions légères en bois actuellement démontées, s'élèvent, d'ordinaire, au sommet d'un tertre qui domine d'un côté le champ, de l'autre le pesage. Les équipages et la foule stationnent en face de ces tribunes, de l'autre côté de la piste et sur les terrains de la ville. Transportez les tribunes à trois cents mètres plus haut, à l'ombre du magnifique groupe d'arbres qui se dressent en oasis; elles ne gêneront en rien les manœuvres de la cavalerie ; le public se répandra sur les terrains incultes foulés chaque jour par les régiments ; la barrière qui existe aujourd'hui protégera les terres ensemencées ; la piste convertie en prairie naturelle ne recevra que les coureurs, et vous aurez ainsi obtenu ce double résultat : 1º préserver les spectateurs payants des trop vives ardeurs du soleil de midi ; 2º fertiliser une étendue considérable de terres (15 ou 20 hectares, au moins), qui, dans quelques années, à 200 fr. l'hectare, apporteront à votre ferme un revenu net de 4,000 fr.

Ainsi composé, le territoire de la Ferme sera borné par

le Rhône, les terrains militaires, la route du Grand-Camp et les fossés allant du fleuve à la gare de Genève. Cette étendue serait considérable, mais j'en extrais les routes, lac, cours d'eau, bois, bosquets et bordures; je ne prends dans le Parc que les pelouses non ombragées et défendues contre le public; j'abandonne complètement les bandes plus ou moins larges de gazon qui bordent les grands chemins. Il est bien évident que le parc ayant été créé pour la distraction de la foule, cette foule se répandra sur les gazons lorsque les allées se trouveront trop étroites. Le public use alors d'un droit qui lui appartient, et la voirie a commis une erreur grave, en amodiant des terrains dont elle ne pouvait pas garantir la jouissance à l'adjudicataire.

La partie agricole du Parc est essentiellement distincte des parties sur lesquelles le public peut exercer des droits. Dans l'intérêt de la Voirie et de la Ferme, il faut que la propriété soit nettement définie. Réservez l'entretien des promenades à la Voirie, ou confiez-le au directeur de la Ferme, peu importe; mais, dans tous les cas, donnez à l'administration de la Ferme son indépendance complète.

Le champ d'expériences, situé au Grand-Camp, serait destiné à l'étude des nouveaux procédés de culture, à l'expérimentation des engrais, et aux tentatives d'acclimatation végétale.

Sur les pelouses, partout où le sol consentirait à les admettre, les arbres utiles, cerisiers, mûriers, pêchers, figuiers, etc., etc., remplaceraient les essences forestières qui projettent une ombre nuisible, et compromettent souvent la décoration du paysage par leurs silhouettes rigides ou malingres (1).

Le vignoble s'étendrait sur la digue ; la plantation spéciale de mûriers entourerait les magnaneries ; les terres à sol profond recevraient les luzernes ; et les plantes sarclées, reléguées au-delà du chemin de fer, assainiraient les friches envahies aujourd'hui par l'arrête-bœuf et le chiendent.

Sur la grande île s'installerait le jardin zoologique, dirigé par une société d'acclimatation constituée comme celle de Paris. Un jardin zoologique bien tenu est un des plus beaux établissements de luxe qu'une grande ville puisse posséder ; mais il ne faut pas songer à l'imposer comme charge à un fermier quelconque. Le jardin zoologique est un musée ; il doit avoir, comme tous les autres musées, son personnel et son budget. En offrant certains avantages aux souscripteurs, il sera facile de constituer à Lyon une société d'acclimatation ; les fonds produits par les annuités, le tourniquet de l'entrée du jardin pendant certains jours réservés de la semaine, la vente des jeunes animaux, et une subvention municipale permettront de présenter aux promeneurs et aux savants un ensemble de collections intéressantes.

La grande île est admirablement disposée pour cet établissement. Le sol est très-accidenté, certaines parties sont abritées des vents, l'eau est proche, et l'ensemble des collections peut-être facilement isolé des visiteurs à certaines

____

(1) Il n'est ici question que des parties agricoles du Parc. Les promenades, bosquets et bois doivent rester et resteront ombragés d'essences forestières.

heures ou certaines époques, car les animaux ont souvent besoin de solitude, surtout au moment de la reproduction.

L'école d'arboriculture comprendrait une pépinière et des spécimens de tailles. Des leçons pratiques y seraient données. Sur quel point du Parc l'installerait-on ? je ne sais ; une Commission compétente désignerait l'endroit. L'importance de cette école exige que son emplacement et son établissement soient mûrement étudiés, et, si je me fais le promoteur de l'ensemble du projet, c'est à la condition de m'effacer complétement plus tard, lorsque j'aurai remis entre les mains d'hommes spéciaux choisis par les intéressés, chacune des branches de l'enseignement.

Je ne puis indiquer d'une façon précise le lieu où s'élèveraient les bâtiments. Cette question demande à être sérieusement étudiée, et fera l'objet d'un rapport que j'aurai l'honneur de soumettre à la Commission, que le Conseil municipal nommera pour examiner mon projet. La somme nécessaire ne peut pas non plus être définitivement évaluée, mais il est certain que les architectes trouveront à réaliser des économies considérables dans l'utilisation des matériaux de l'Exposition.

Il me reste, M. le maire, à traiter la question au point de vue financier. J'ai déclaré, dans les premières lignes de ce rapport, que je croyais avoir trouvé le moyen, non-seulement de doter la ville de Lyon d'un établissement agricole, mais encore d'augmenter ses revenus annuels dans une notable proportion. Je vais essayer, M. le maire, d'apporter des preuves à l'appui de mon affirmation.

Comme base de discussion, j'établirai d'abord un devis approximatif des dépenses, et je pousserai les calculs provisoires assez loin, pour que mes chiffres se rapprochent le plus près possible de la vérité. Atténuer certaines dépenses pour exagérer certaines recettes, est un procédé puéril et malhonnête, qu'avec la meilleure volonté du monde, je ne saurais employer.

Les dépenses se divisent comme suit :

Construction, installation, matériel, cheptel, premiers frais de culture.

Constructions

					à 30 f. le m. :
Etables : 40 bêtes à	10 m. c. l'une	.	400		131,880 fr.
Ecuries : 10 —	—	.	100		
Fenil :	50 m. sur 10	.	500		
Hangars :	80 — 20	.	1,600		
Galerie :	100 — 10	.	1,000		
Magnanerie :	30 — 6	.	180		
Dortoir : / Réfectoire :	20 — 10	.	200		
Bureaux :	10 — 10	.	100		
Lingerie :	10 — 10	.	100		
Log. d. carn. 12 log. à 3	— 6	.	216		
Total	. . . . .	.	4,396		

					à 10 f. le m. :
Bergerie :	10 mètres sur 20	. .	200		9,000 fr.
Porcherie :	10 — 20	. .	200		
Fosse à fumier :	10 — 10	. .	100		
Divers :	20 — 20	. .	400		
Total	. . . . .	.	900		

SOMME TOTALE DES CONSTRUCTIONS. . . . . . 140,880 fr.

Installations

Etables et écuries.	5,000 fr.
Musée d'anatomie.	6,000
Musée, végétaux, sols et engrais..	500
Salle des cours.	2,000
Magnanerie..	2,000
Mobilier et linge	6,000
	21,500 fr.
Matériel.	10,000 fr.
Cheptel et animaux	30,000
	61,500 fr.

RÉCAPITULATION

Constructions.	140.880 fr.
Installations	21,500
Matériel rural.	10,000
Cheptel et animaux..	30,000
	202,380 fr.

A cette somme, je dois ajouter une vingtaine de mille fr. pour les dépenses imprévues ; et je porterai le total, chiffre rond, à 250,000 francs. Cette somme n'est pas exagérée si l'on veut construire un établissement digne de la grande ville, dont il portera le nom, mais elle est parfaitement suffisante.

Je crois utile d'ajouter au devis les comptes des dépenses annuelles évaluées très-largement. De cette façon le passif sera régulièrement établi, et nous nous trouverons en pré-sence, non seulement du capital de création, mais aussi de toutes les conséquences pécuniaires de l'opération ; et nous aurons, dans les chapitres de l'actif, à chercher le moyen de reconstituer le capital, en faisant face aux exigences annuelles de l'exploitation.

Les frais annuels seront les suivants :

Personnel rural

1 Chef de culture.	2.000 fr.	c.
4 Vachers	4.800 »	»
3 Charretiers.	4.600 »	»
1 Garde magasin.	1.200 »	»
1 Palefrenier.	1.000 »	»
2 Valets de ferme.	2.000 »	»
3 Servantes	2.400 »	»
1 Berger.	1.200 »	»
	19.200 fr.	»

Bureaux

1 Surveillant général	1.800 fr.	c.
1 Comptable agricole	1.800 »	»
1 Employé.	800 »	»
1 Chef de galerie (mécanicien)	1.800 »	»
	6.200 fr.	»

Sériciculture

1 Directeur	2.000 fr.	c.
1 Micrographe	1.200 »	»
1 Magnanière	1.000 »	»
	4.200 fr.	»

Jardin zoologique

1 Gardien des carnassiers.	1.200 fr.	c.
1 Gardien des volatiles	1.200 »	»
1 Gardien des ruminants, rongeurs, etc	1.200 »	»
2 Employés à la nourriture des animaux.	2.000 »	»
	5.600 fr.	»

Viticulture

1 Vigneron	1.200 fr.	c.

Arboriculture

1 Premier jardinier.	1.500 fr.	»
1 Aide.	1.000 »	»
	2.500 fr.	»

TOTAL du personnel 38.900 fr.

Frais généraux en dehors du personnel

ÉVALUATION APPROXIMATIVE.

Culture	7.000 fr.	c.
Bureaux.	300 »	»
Galeries.	500 »	»
Sériciculture.	500 »	»
Jardin zoologique.	12.000 »	»
Viticulture.	400 »	»
Arboriculture.	300 »	»
	21.000 fr.	»

RÉCAPITULATION DES FRAIS ANNUELS :

Personnel.	38,900 fr.
Frais généraux. . .	21,000
Total. . . .	59,900 fr.

auxquels j'ajouterai 1,100 francs pour indemnité de déplacement ou jetons de présence attribués aux professeurs.

J'établis maintenant l'état approximatif des recettes naturelles ; la différence entre l'actif et le passif indiquera nécessairement la quotité de la subvention que l'établissement devra réclamer soit au Gouvernement, soit à la Ville, soit à la Chambre de commerce ou aux diverses Sociétés spéciales.

Culture

50 hectares à 200 fr. l'hect.	10,000 fr.
25 vaches à 50 cent. par jour (nourrit. déduite)	4.563
25 veaux, à 40 fr.	1,000
Porcs et brebis, vente approximative.. . . .	2,000

Galerie

Environ 200 machines ou appareils exposés, à 10 fr. en moyenne..	2,000
Commission de 5 % sur un chiffre de vente de 50,000 fr. environ..	2,500
Expertises de sols, d'engrais, analyses, etc. .	500

Sériciculture

Contrôle des graines..	2,000
Produits séricicoles.	1,000

Jardin zoologique

100 membres de la Société d'acclimatation, à 20 fr..	2,000
Ventes diverses..	6,000
Tourniquets à 50 c., entrée libre le dimanche, 25 personnes en moyenne par jour.. . .	4,560

Viticulture

Vente de raisins, vin, marcottes..	500

Arboriculture

Ventes diverses.	200
Total des produits.	38,823 fr.

Dépenses annuelles.. . .	61,000 fr.
Recettes.	38,823
Déficit. . .	22,177

Le problème à résoudre est donc maintenant celui-ci : trouver dans les économies réalisables et dans de nouvelles sources de revenus une somme assez forte pour amortir rapidement le capital engagé, et servir à la Ferme un subside de 25,000 francs. Je vous rappelle, Monsieur le maire, que je vous ai promis, en outre, un accroissement de la fortune municipale : j'espère tenir ma promesse.

J'expose de suite, M. le Maire, le projet dont la réalisation doit, selon moi, accroître dans une notable proportion les revenus de la ville. Ce projet entraîne certaines réformes dont je prouverai plus loin l'opportunité.

Ces réformes sont : la suppression des jardins de reproduction florale, la mise en adjudication des squares de la ville, la translation de la grande serre actuelle dans la coupole centrale de l'exposition.

Quelles que soient les objections qui se présentent à votre esprit, veuillez, M. le Maire, accepter momentanément ces réformes comme faits accomplis. Nous les discuterons plus tard, et j'espère vous amener à partager mon opinion à leur sujet.

Le dessin général du Parc est vigoureusement accentué par une route de ceinture, cadre dans lequel le paysagiste a renfermé le lac, les pelouses, la ferme, les saulées, toutes les attractions naturelles ou créées. En dehors de cette route, une bande de terre variant d'épaisseur et chargée d'arbres verts masque les lignes rigides de la digue, du chemin de fer et des fossés militaires. Cette bande s'élargit en deux endroits : vers la digue pour laisser la route cotoyer le lac : vers le fort des Charpennes, où elle a été utilisée pour la création des jardins de reproduction et des serres.

Je ne me sens pas capable de donner une description des lieux assez exacte pour les bien rappeler à votre mémoire, et il importe cependant à la réussite de mon projet, que vous ayez la topographie du Parc parfaitement présente devant les yeux. Une carte ne suffirait pas ; une promenade vaut mieux, pendant laquelle je vous expliquerai, sur le terrain, tous les détails de mon plan.

Ce plan est celui-ci : utiliser (ainsi que l'ont fait toutes les autres villes) une partie des terres abandonnées en dehors du dessin général pour créer une gracieuse colonie de villas, lesquelles, sans causer aucune gêne aux promeneurs, sans enlever la plus petite prérogative au public ajouteraient au Parc un ornement gracieux, assainiraient moralement certains buissons devant lesquels les honnêtes femmes baissent les yeux, et apporteraient à la caisse municipale un revenu annuel considérable.

Je ne me dissimule pas, M. le Maire, combien un projet pareil va soulever d'objections, de récriminations. Rien n'est aussi difficile à déraciner que la routine ; ils sont nombreux les gens qui, raisonnant par impression, repoussent ex abrupto tout projet qui vient se jeter à la traverse de leurs habitudes. Je n'aurais même pas tenté l'épreuve s'il m'avait fallu discuter avec la foule ; mais je m'adresse à une municipalité qui a reçu mission, non seulement de défendre les droits des citoyens, mais aussi de guider les instincts de la masse dans la voie la plus favorable à ses intérêts. Cette municipalité doit donc étudier avec soin tout projet qui a la prétention d'être utile à la cité, et l'exécuter, après décision, sans s'arrêter aux réclamations intéressées ou non, car, dans les questions de cette nature, ceux qui sifflent aujourd'hui, bien sûr applaudiront demain.

La bande de terre que je destinerais à l'installation des villas est celle comprise entre l'allée de ceinture et les fossés militaires, occupée aujourd'hui par des massifs d'épicéas, les serres et les jardins dits *du fleuriste.*

Je vous ai prié, Monsieur le Maire, d'admettre certaines mesures comme fait accompli, et de réserver leur discussion pour un peu plus tard. Au nombre de ces mesures nous compterons, si vous le voulez bien, la suppression des jardins reproducteurs et la translation des serres. La question financière soulevée par cette réforme radicale sera résolue d'une façon satisfaisante dans un chapitre spécial.

Serres et jardins disparus, la ville se trouve possesseur de six hectares d'excellente terre, bordés d'un côté par le chemin de ceinture, de l'autre par les fossés militaires. pour la partie comprise entre l'entrée des Charpennes et celle de Tête-d'Or, et par le sentier riverain pour la partie comprise entre l'entrée de la Tête-d'Or et celle de l'Exposition.

Du premier coup d'œil vous jugerez, Monsieur le Maire, combien la spéculation que je vous propose est heureuse à tous les points de vue. Et d'abord l'ornementation du Parc : il est évident que si vous remplacez les buissons incultes, les jardins en planches, les amas de fumier, les serres souterraines qui dressent hors de terre leurs vitres barbouillées de blanc, si vous remplacez ce cadre disgracieux et décousu par une grille monumentale, qui ne coûte rien à la ville, et à travers laquelle le promeneur entrevoie les villas élégantes, et les mille fantaisies originales des citadins en villégiature, vous encadrerez de la façon la plus heureuse l'ensemble des pelouses, vous leur donnerez ce cachet de haut ton et de bonne compagnie, apanage obligé de toutes les grandes propriétés de luxe. En ayant soin de n'accepter pour locataire aucun établissement de consommation, vous mettrez rapidement à la mode les villas de la Tête-d'Or, qui joueront à Lyon le rôle de celles d'Auteuil et de Passy, à Paris ; du Prater à Vienne ; de Regents-Park, Hyde-Park, etc., à Londres ; la Chiaia à Naples ; le jardin royal à Bruxelles ; la promenade des Anglais à Nice ; etc., etc., tous les parcs, les promenades, les rives de mer ou de fleuve dans toutes les grandes villes du monde.

Le succès et la rapidité de l'opération ne sauraient être douteux. La configuration du terrain se prête admirablement à la subdivision en parcelles de largeurs inégales, bornées d'un côté par la route, de l'autre, par les fossés, pièce d'eau magnifique sur laquelle chaque locataire pourra faire flotter un canot et se livrer à la récréation de la pêche. De sorte que, moyennant une somme représentant à peu près le loyer d'un appartement confortable en ville, l'habitant d'une villa jouira d'une maison occupée par lui seul, à cinq minutes à pied de la place de la Comédie, à quelques mètres d'une station d'omnibus et sur la lisière immédiate d'un parc où les enfants peuvent s'ébattre en liberté dans la belle saison et jouer encore, pendant l'hiver, dans l'atmosphère embaumée de la grande serre dont nous parlerons tout à l'heure.

Pareils avantages seront bien vite appréciés dans notre cité commerçante, où les hommes, après avoir travaillé toute la journée dans des comptoirs obscurs, ne demandent qu'à trouver le soir un peu d'air et de tranquillité. Et j'en donne pour preuve, non-seulement ce qui se passe dans tous les centres manufacturiers, mais ce qui se passe chez nous, où nos commerçants vont chercher quelques brins de verdure et quelques tristes chants d'oiseaux dans les plaines monotones de Villeurbane, Monplaisir, etc., où les familles, emprisonnées dans des enclos de quelques mètres, se créent une félicité de convention et se figurent sérieusement respirer l'air de la campagne.

Or, j'établis ici le budget de deux familles, l'une habitant une villa de la Tête-d'Or, l'autre une bastide de **Monplaisir**.

La bastide de Monplaisir ne peut coûter, en location, moins de 1,500 francs (et je ne parle pas des plus belles). Si la famille l'habite toute l'année, le père de famille dépensera chaque jour au moins 60 cent. d'omnibus, soit 219 fr. par an, somme qui se multiplie nécessairement par le nombre des membres de la famille occupés à la ville; mais ne parlons que d'un ménage : 1,500 et 219 donnent 1719 francs. Madame ou sa servante viendront bien, en moyenne, tous les deux jours en ville, soit 105 fr. de plus ou 1824 fr., somme que je porte à 2,000 avec les imprévus. D'ailleurs, les routes sont désertes, peu sûres, et madame, l'hiver, prendra souvent un fiacre. La plus-value des denrées de toutes sortes, le jardinier qu'il faut payer pour avoir quelques plate-bandes, les sociétés locales dont il faut faire partie pour conserver son décorum, les prestations à la commune, le journal qui coûte plus cher, mettons ces mille riens à 500 fr., 500 et 2,000 font 2.500 fr. pour vivre retiré, en tout petit bourgeois, entre quatre murailles blanches, grillé en juin, trempé en mars, sans compter les glaces d'hiver.

Si la famille possède à Lyon un appartement ou seulement un pied-à-terre, la dépense annuelle s'accroît alors dans une proportion considérable, et l'ensemble des deux logements, avec les frais qui leur incombent, ne peut être évalué à un chiffre moindre de 3.000 fr.

Etablissons maintenant le budget d'une villa de la Tête-d'Or.

1.000 mètres de terrain à 1 fr. : 1.000 fr.

Une maison de 10 mètres sur 8, à 150 fr. le mètre carré, coûtera 12.000 fr., soit 600 fr. par an. Total : 1.600 fr.

200 fr. d'imprévus et de réparations annuelles, en tout : 1.800 fr.

Ne cherchez pas d'autre dépense.

Moyennant ce faible loyer, le ménage possède une habitation de ville et de campagne plus rapprochée du centre de la ville que les maisons du quartier Bellecour, à proximité des théâtres et au milieu même du Parc.

On objectera, sans doute, Monsieur le maire, la répugnance que pourront avoir les locataires à construire de leurs deniers. L'expérience des terrains des Brotteaux me fournirait déjà un argument en faveur de mon projet, mais j'aime mieux croire à la constitution d'une société immobilière qui bâtirait à ses risques et périls aux conditions suivantes :

La Ville loue les 60,000 mètres à ladite Compagnie au prix de 15,000 fr., avec bail de cinquante ans, et elle fait remise d'une année de bail, pendant laquelle les constructions devront s'élever. À la fin du bail, les terrains seront mis en adjudication, avec privilège pour le locataire.

J'indique cette combinaison, persuadé que les avantages offerts seraient appréciés par des spéculateurs intelligents.

Je trouve, Monsieur le maire, une autre source de revenus ou tout au moins d'économie considérable dans la location aux particuliers, ou dans l'appropriation des bâtiments actuels de la ferme. Je parlerai plus loin de la translation du Conservatoire de botanique.

Loués à des particuliers, les bâtiments de la grande ferme peuvent produire une huitaine de mille francs, mais il vaudrait mieux, si l'on transporte la ferme sur un autre point, se servir des constructions actuelles pour y installer les galeries zoologiques et entomologiques.

Ces galeries, en effet, n'intéressent qu'un petit nombre de savants; elles sont plutôt un objet de curiosité pour le public et pour les étrangers, et leur véritable place me paraît être non pas au palais Saint-Pierre, mais à côté du jardin zoologique.

Il n'en est pas de même du conservatoire de botanique. Les herbiers sont un dictionnaire que les étudiants en médecine et en pharmacie ont à chaque instant besoin de consulter. Les jeunes gens qui se livrent à ces études n'ont que peu de temps à dépenser; une visite au Parc représente pour eux une journée perdue; prétendre le contraire, serait nier la puissante attraction qu'exerce sur un cœur de vingt ans les splendeurs de la nature et du soleil. Ne blâmons pas la jeunesse d'aimer ces belles choses et d'oublier, pour les sentiers en fleurs, le chemin sévère de l'école.

Il est facile de se renseigner sur l'abandon du conservatoire de botanique, en interrogeant l'honorable M. Faivre, doyen de la Faculté des sciences. Il vous dira que, à part quelques promeneurs de l'espèce de ceux qui entrent partout où il n'y a rien à payer, à part quelques discrets amants des fleurs, personne ne vient consulter les herbiers du Parc, dont l'entretien coûte fort cher, et dont la présence à proximité des écoles rendrait de sérieux services à la jeunesse studieuse, et même souvent aux praticiens, qui ont parfois besoin de contrôler leur mémoire par leurs yeux. La ville va construire une école de médecine : c'est là qu'elle doit réserver une salle pour les herbiers : et, quant au jardin botanique, sa place est naturellement indiquée sur le cours du Midi, promenade solitaire, rapprochée de l'école et assez élevée pour défier les inondations.

Mais la translation du jardin botanique, opération coûteuse et difficile, peut être retardée. Il n'y a pas relation forcée de voisinage entre le conservatoire et le jardin ; le conservatoire doit être déplacé le plus tôt possible, céder sa place au musée zoologique, qui occupe aujourd'hui des salles qui seraient fort utiles à la ville, soit pour créer une nouvelle galerie de peinture, soit pour installer certains services, celui de la voirie, par exemple, dont les bureaux occupent un immeuble loué, situation qui grève le budget de la ville d'une somme de 6 à 7,000 francs.

Jusqu'ici, les mesures proposées par moi donnent un produit annuel :

Location pour villas.	45,000 fr.
Translation du conservatoire .	7,000
Total.	52,000 fr.

auxquels il faut ajouter l'économie que je compte bien réaliser sur le personnel du Parc.

Ce personnel se divise en trois catégories, dont chacune possède sa hiérarchie : jardiniers, cantonniers, gardes. On comprend difficilement l'utilité de ces trois ordres d'employés. Le parc à peu près désert pendant toute la saison d'hiver, peu fréquenté pendant les chaleurs de l'été, reçoit une foule immense à certains jours et à certaines heures parfaitement connus : or, le personnel se trouve réglé de telle sorte que, insuffisant les jours de fête, il reste inoccupé la plus grande partie de l'année.

Dans une garderie bien tenue, chaque garde est chargé de l'entretien et de la surveillance d'un canton : c'est lui qui entretient les routes, taille et échenille les arbres, coupe le bois mort, conduit les plantations et les semis ; le tout sous la direction du garde-général et avec l'aide de journaliers pour les travaux d'urgence. Travailleur et non policier, il quitte pourtant sa besogne pour verbaliser contre les délinquants ; mais il n'est pas institué précisément en vue de la contravention : le public le sait, et respecte l'ouvrier dans le garde.

Au lieu d'un personnel, qui doit coûter au moins une vingtaine de mille francs, je ne voudrais au Parc que quatre gardes cantonniers à 1.800 francs l'un ; mais j'assermenterais tous les employés de la ferme, et je placerais tout ce monde sous la direction du surveillant-général, homme pourvu d'aptitudes et de connaissances spéciales, qui remplacerait avantageusement tous les fonctionnaires actuels, chefs jardiniers, chefs cantonniers, gardes chefs et autres parasites dont la présence est parfaitement inutile dans une propriété d'une soixantaine d'hectares. Cet agent aurait constamment sous ses ordres un personnel assez nombreux pour parer à toutes les éventualités, et il résumerait dans ses rapports quotidiens avec le Directeur l'ensemble des services qui ne sont pas spéciaux à la culture.

J'affirme de la façon la plus formelle la supériorité de ce système sur celui qui fait du Parc un des annexes de la voirie urbaine. Sur le service des gardes, cantonniers, jardiniers, gaziers, etc., etc., je n'hésite pas à promettre une économie de 5,000 francs.

Passons maintenant aux jardins de reproduction et aux squares urbains. Je demande la suppression des uns et, (conséquence naturelle), la mise en adjudication des autres.

Les squares de la ville sont situés, sauf erreur : à Bellecour, aux Chartreux, à la Guillotière, à la place Croix-Pâquet, dans la rue de Lyon, à Perrache. Pour l'établissemet des squares, la disposition la plus économique et en même temps la plus agréable au public est celle des jardins anglais, c'est-à-dire un ensemble de massifs de verdure ornementale reliés par des pelouses mouvementées. Au printemps, l'air est embaumé des suaves effluves des arbustes en fleur ; leur ombre offre pendant l'été un frais abri contre les ardeurs du soleil ; les feuilles se colorent en automne de tons chauds et puissants ; et, pendant la saison d'hiver, les troëns et les conifères protestent par leur verdure sombre contre la neige et les frimats.

Mieux que tous les parterres, le jardin anglais, avec son labyrinthe de sentiers ombragés, se prête à cette douce flânerie, repos du corps et de l'esprit, dont le citadin a besoin après sa journée de labeur. Des fleurs ? Oui, mais je ne veux que celles qui poussent librement sous notre ciel. Les fleurs sont les couleurs dont le peintre paysagiste charge sa palette ; il veut des coloris brillants. Les plantes d'un square doivent réjouir le promeneur par leur belle santé, par leur joyeuse humeur, et non étaler sous ses yeux le spectacle de leurs souffrances. Quelle âme délicate ne serait point émue en voyant ces frêles captives, enchaînées sur un sol ingrat, qui penchent tristement leurs tiges étiolées, frissonnent sous la bise et se couchent pour mourir du côté du soleil. Pauvres Mignons, aux corolles flétries, elles aussi pleurent la patrie perdue !

Laissons aux jardins botaniques, aux serres chaudes et tempérées, prisons de chaume ou de cristal, le soin de conserver toutes ces belles proies que la science ravit chaque jour à la flore des contrées lointaines, et réservons pour nos squares, nos fleurs pour ainsi dire nationales, et celles qui, par un long séjour dans nos jardins, ont conquis le droit de cité. Il en est des fleurs comme des chansons, on aime à redire les vieux airs. Flons flons, pont neufs, si vous voulez, mais dont chaque syllabe rappelle un souvenir, une joie ou une tristesse. N'en déplaise à tous les savants, jamais une fillette n'effeuillera un *pelargonium zonal*, tous vos grands noms en us, en a, en um, ne vaudront jamais pour nos enfants bluets, lilas et boutons d'or. Eh ! pour qui aimons-nous les fleurs ? Pour nous ? mon Dieu, non : c'est pour eux.

A peu de frais, Monsieur le Maire, du printemps à l'automne, vous pouvez décorer vos squares, et le public vous saura gré de ne lui présenter que de vieilles amies. Dans ces conditions, vous aurez avantage à traiter à forfait pour chaque jardin ; et, quant à l'entretien journalier, je ne vois pas pourquoi vous ne le confieriez pas au gardien spécial du square. Il suffit pour cela de prendre pour garde un jardinier. Tout en arrosant son gazon, en tondant son ray-gras, en émondant ses branches, il peut facilement surveiller les polissons. Donnez à ce jardinier garde un appointement suffisant pour que ce poste soit recherché par des hommes jeunes et instruits, en vertu de cet axiome : qu'un employé bien payé fera plus de besogne et coûtera moins cher que deux ou trois pauvres diables obligés, pour équilibrer leur budget, d'exécuter des prodiges d'industrie et d'économie.

Je ne vous parle pas de l'entretien des plantations ; ce serait faire injure aux agents-voyers d'arrondissement. Point n'est besoin, j'imagine, d'un fonctionnaire spécial pour commander l'élagage des arbres ou le remplacement des sujets morts ou brisés. Pour la surveillance générale des squares, vous pourriez instituer une Commission composée des hommes les plus compétents, lesquels vous présenteraient, chaque année, un rapport, et communiqueraient tous les mois leurs observations à l'adjoint chargé du service de la voirie.

J'estime que, en moyenne, la fourniture des fleurs de chaque square ne coûterait pas à la ville plus de 6 ou 700 francs ; vous déchargeriez ainsi la voirie d'un service qui est évidemment en dehors de ses attributions, et vous assureriez la bonne tenue de vos jardins ; l'amour-propre de l'adjudicataire vous servirait, d'ailleurs, de gage, car son nom serait inscrit sur une plaque, réclame ou pilori, selon que ses massifs seraient bien ou mal tenus.

J'estime à peu près comme suit les maximums que devront coûter les diverses fournitures de fleurs :

Bellecour.	1,500 fr.
Place de Lyon. . .	1,000
Perrache.	500
Chartreux.	500
Guillotière	300
Croix-Pâquet. . .	200
	4,000

Ajoutez à ce chiffre 3,000 francs pour supplément de solde des gardes jardiniers, vous obtiendrez une économie de 5,000 francs sur le chiffre inscrit au budget, et je suis convaincu que vos squares seront tout aussi bien tenus et tout aussi agréables au public.

Ce projet rencontrera, je le sais, une opposition systématique, et je prévois une foule d'objections ; mais elles me paraissent si peu fondées, que je crois inutile de surcharger ce rapport en les réfutant ; je tiens seulement à constater que je ne porte atteinte à aucune position acquise, les mêmes hommes occupés aujourd'hui à la direction des jardins reproducteurs pouvant facilement remplir les emplois de gardes jardiniers, et je réponds, dans le chapitre suivant, à ceux qui, convaincus des progrès que les jardins de la ville ont fait faire à la culture des fleurs, craignent de voir ce progrès arrêté dans son essor par la mesure que je propose.

Avant de traiter la question de la translation des serres, permettez-moi, Monsieur le maire, de résumer, dans un tableau synoptique, l'ensemble du travail que je viens d'avoir l'honneur de vous soumettre.

Dépenses nécessitées par la création de la Ferme

Constructions	140.880 fr.	» c.
Installations	21.500	»
Matériel.	10.000	»
Cheptel et animaux.	30.000	»
Imprévus.	50.000	»
Total	252.380 fr.	» c.

Nouvelles sources de revenus et économies réalisables annuelles

Location de terrains	45.000 fr.	» c.
Economie de personnel	5.000	»
Economie sur les squares.	5.000	»
Translation du Conservatoire	7.000	»
Total	62.000 fr.	» c.

Cette somme de 62.000 francs se trouve réduite à 37.000 fr. par suite de la subvention de 25.000 fr. que la Ville devra payer pour l'entretien de la Ferme, des cours et du jardin zoologique ; mais elle s'augmentera, au bout de cinq ou six ans, de la plus-value des terrains riverains, aujourd'hui incultes.

Cette plus-value ne peut être estimée à moins de 4,000 fr. par an. En outre, à l'expiration du bail, l'emplacement des villas se louera à un taux au moins double de celui fixé dans les calculs précédents : mais, en admettant même le prix indiqué comme ne devant pas être dépassé, la situation est celle-ci :

Au bout de sept années, la Ville est rentrée dans tous ses débours, et il lui reste un excédant de revenu net de 37,000 fr., plus un jardin zoologique et un magnifique établissement agronomique, qui lui appartient bien à elle et sur lequel l'État ne peut exercer aucun droit.

Si, à cette époque, elle veut supprimer son institut agricole, elle se trouve possesseur d'une propriété en parfait état, dont les terrains ont acquis une plus-value considérable, soit pour la construction, soit pour la location aux cultures maraîchères.

Je n'ai pas la prétention, monsieur le Maire, de ne me point tromper, mais j'ai la certitude de n'avoir commis dans mes chiffres aucune erreur volontaire. Je suis prêt à les défendre tous, et, je l'espère, à les prouver.

La réalisation de mon projet serait un bienfait pour notre ville, un honneur pour vous, monsieur le Maire. Telle est, non-seulement ma conviction, mais celle de tous les hommes éclairés qui ont bien voulu m'aider de leurs conseils.

Dans une enceinte populaire j'obtenais, il y a quelques années, des applaudissements dont je suis fier. Aujourd'hui, plus fort qu'autrefois, je crie encore : *Fiat lux!* Que la

lumière brille pour toutes les intelligences! que la raison
mûrisse tous les esprits! Que l'instruction prodiguée à
outrance refoule dans le néant les préjugés qui aveuglent,
les haines qui divisent! Mais n'instruisez pas seulement
l'ouvrier qui tisse la laine, taille le marbre ou tord le fer;
songez à cet autre ouvrier que le soleil trouve toujours
debout dans le sillon.

TRANSLATION DES SERRES SUR L'EMPLACEMENT OCCUPÉ AUJOURD'HUI PAR LA GRANDE COUPOLE DE L'EXPOSITION.

L'opération financière que je viens d'exposer donne, si
mes calculs sont exacts, un revenu net de 37,000 francs.
J'avais besoin de cet excédant de recettes pour engager la
Ville de Lyon à accepter la deuxième partie de mon projet,
laquelle implique une forte dépense, consacrée, non plus à
un établissement d'utilité majeure comme la ferme, mais à
la réalisation d'une conception grandiose digne d'une importante et riche cité.

Je veux parler de la transformation des serres actuelles
en un magnifique jardin d'hiver qui s'élèverait au-dessus
des Cascades, sur l'emplacement occupé aujourd'hui par la
coupole centrale de l'Exposition.

Sans entrer dans le détail de cette grosse opération, je
me bornerai pour aujourd'hui à en esquisser à grands traits
la silhouette. Je tiens surtout à en démontrer la possibilité
et à rassurer les horticulteurs, leur prouvant que je suis,
autant que personne, jaloux de conserver à notre ville le
rang honorable qu'elle occupe parmi les grandes collections
de l'Europe.

Point n'est besoin, je pense, de faire ici l'historique des serres ; elles se sont, pour ainsi dire, imposées. Aucun plan d'ensemble n'était conçu. A mesure que les plantes grandissaient, les jardiniers demandaient de plus vastes surfaces.

La Ville, faisant droit à leurs réclamations, agrandissait une serre aujourd'hui, en créait une autre demain , déclarant chaque fois que cette dépense était la dernière. Peu à peu, les collections devenues plus complètes, nécessitaient de nouveaux frais, et ce chapitre du budget de la voirie, d'abord classé parmi les dépenses imprévues, a fini par s'accroître dans de telles proportions, que le capital représenté par les serres et les collections dépasse aujourd'hui 550,000 francs.

Cette organisation porte malheureusement avec elle sa tache originelle. L'étranger qui nous visite éprouve un profond étonnement en voyant tant de richesses végétales enfouies dans des serres mesquines, construites brutalement, sans ordre de classification et reléguées sur les bords d'un cloaque, au milieu des reproductions, dans une des parties les plus abandonnées du Parc.

Jamais, en effet, cadre plus chétif n'a renfermé plus beau tableau. Il est vraiment heureux que l'existence des serres municipales soit ignorée de presque toute la population, car la grande serre elle-même ne peut contenir plus d'une quarantaine de promeneurs, et les autres serres sont disposées de telle façon que le visiteur, une fois engagé dans l'étroit couloir, ne peut plus revenir sur ses pas et se trouve contraint de régler son allure sur celle de l'individu qui le précède. Cette disposition, généralement adoptée par les horticulteurs marchands, qui réduisent ainsi jusqu'aux dernières limites l'espace improductif, est tout à fait défectueuse appliquée à des serres destinées au public.

La responsabilité de cet état de choses ne saurait être imputée à personne, puisque la création des serres n'a jamais été l'objet d'une étude spéciale et que chaque fraction de bâtiment a été construite à titre provisoire, sans plan préconçu, sans visée d'avenir. La Ville se trouve possesseur, presque à son insu, de magnifiques collections. qu'elle doit en grande partie à la persévérante initiative de ses jardiniers. Aujourd'hui. ces collections existent, elles sont payées, elles représentent un capital d'argent et de science considérable, il faut absolument qu'on leur accorde un logement digne d'elles.

La reconstruction ne peut plus se retarder. Les végétaux étouffent dans leur prison trop étroite ; beaucoup déjà sont mutilés ; chaque jour ils empiètent sur les étroits sentiers réservés aux promeneurs : la grande serre n'a plus de dessin. c'est un fouillis de branchages et de feuilles : les charpentes menacent ruine. le système de chauffage est mauvais : le moment est venu pour la Ville de prendre une suprême décision.

Reconstruira-t-elle un ensemble de serres modestes dans le coin ignoré où se cachent aujourd'hui les collections? Ce serait, à mon avis, une faute des plus graves. Les serres n'ont pas seulement pour mission d'abriter les végétaux exotiques au bénéfice de la science, elles ont aussi celle d'offrir aux contribuables un lieu de récréation et de repos. Je ne veux pas une serre, je veux un magnifique jardin d'hiver assez élevé pour laisser carrière à la végétation tropicale, assez large pour ombrager sous ses palmiers plusieurs centaines de visiteurs. Et je veux que, à l'extérieur, cette vaste coupole domine un paysage décoratif, jardins, vallons, cascades, lac et rochers s'harmonisant, se complétant l'un par l'autre, formant un tout bien défini, bien arrêté, quelque chose comme des champs élyséens conduisant à un temple de science édifié par les beaux-arts.

J'ai demandé des économies sur les squares, je demande à présent la prodigalité, comme je la demanderai lorsque la ville, rentrant enfin dans la possession de sa place Bellecour, pourra remplacer le triste spectacle des bataillons et des batteries par celui des massifs de camélias et de roses.

Au Parc, l'Exposition a déjà fait une bonne partie de la besogne. Je ne prétends pas que l'on puisse utiliser toutes les charpentes de la grande coupole, le jardin d'hiver devant être construit en fer ; mais un architecte intelligent trouvera le moyen de se servir d'une grande partie des matériaux existants. L'emplacement est, du reste, fort admirablement choisi : les cascades existent, les jardins existent, les kiosques de musique existent, un panorama splendide s'ouvre sur le lac : la disposition du terrain, depuis l'entrée jusqu'à la coupole, se prête d'une façon charmante aux fantaisies gracieuses du paysagiste. Je ne comprends pas de meilleur emplacement pour un jardin d'hiver, si ce n'est celui situé sur le promontoir de la grande île, où s'élève aujourd'hui le piédestal désert d'un préfet oublié.

La dépense atteindrait peut-être le chiffre de 400,000 fr. J'indique sans préciser. Mais, outre que le désir de visiter cet établissement splendide retiendrait dans nos murs une foule considérable d'étrangers, dont le séjour serait un bienfait pour le commerce et pour la ville, je crois que la

Municipalité parviendrait à amortir son capital par la combinaison suivante :

Dans les nouveaux engagements à intervenir entre elle et le Directeur du théâtre, elle pourrait stipuler que ce Directeur devrait lui fournir gratuitement son orchestre chaque dimanche de la saison d'hiver. On instituerait alors des concerts, dans le genre de ceux de Pasdeloup, à Paris. La foule, qui ne sait où chercher une distraction lorsque la pluie et la neige rendent la promenade impossible, accourrait à ces réunions. Les instincts élevés ne font pas défaut au peuple, il faut seulement lui donner l'occasion de les montrer.

Cette obligation serait une bien petite charge pour les artistes, qui trouveraient l'occasion de produire leur talent devant un vrai public, prompt à se passionner, et la Municipalité recueillerait à chaque concert un bénéfice considérable, puisque les frais généraux seraient nuls.

Je vous l'ai dit, Monsieur le Maire, je ne trace que l'esquisse du projet ; de plus habiles que moi le conduiront à bonne fin. Mais laissez-moi vous répéter en finissant, que si la Municipalité de 1872 attache son nom aux deux créations que je vous propose, elle aura dignement marqué sa place dans les éphémérides lyonnaises.

P.-M. ESTIENNE.

Lyon.— Imp. du Salut Public.— Besson, r. de Lyon, 82.